诺贝尔奖中的趣味化学

"诺贝尔奖中的理化生"编写组 编著

海豚出版社
DOLPHIN BOOKS
中国国际传播集团

图书在版编目（CIP）数据

诺贝尔奖中的趣味化学 /"诺贝尔奖中的理化生"编写组编著 . -- 北京：海豚出版社，2025.3. --（平博士密码）. -- ISBN 978-7-5110-7282-5

Ⅰ.O6-49

中国国家版本馆 CIP 数据核字第 202507D7K7 号

根据 FUN Union Limited 原创《平博士密码》系列动画片改编

出 版 人：王　磊

分册编写：伊　鹏　王　梦
责任编辑：王　梦
责任印制：于浩杰　蔡　丽
法律顾问：北京市君泽君律师事务所　马慧娟　刘爱珍
出　　版：海豚出版社
地　　址：北京市西城区百万庄大街24号
邮　　编：100037
电　　话：010-68996147（总编室）　010-68325006（销售）
传　　真：010-68996147
印　　刷：小森印刷（北京）有限公司
经　　销：全国新华书店及各大网络书店
开　　本：16开（710mm×1000mm）
印　　张：3.75
字　　数：40千
印　　数：5000
版　　次：2025年3月第1版　2025年3月第1次印刷
标准书号：ISBN 978-7-5110-7282-5
定　　价：19.80元

版权所有 侵权必究

"诺贝尔奖中的理化生"编写组学科作者

◎ 伊　鹏　北京理工大学激光微纳研究所博士
◎ 曹可凡　清华大学环境学院博士生
◎ 尹德嘉　清华大学环境学院博士生

《平博士密码》科学顾问

◎ 康斯坦丁·尤里耶维奇·波格丹诺夫

生物科学博士，俄罗斯物理和数学科学候选人，曾参与俄罗斯高中物理教科书的编写工作，一直致力于面向儿童和学生的科普工作。

◎ 阿纳托利·普罗霍罗夫

2008年俄罗斯联邦国家奖获得者，俄罗斯物理和数学科学候选人，曾供职于苏联科学院物理化学研究所。

平博士

既是一位发明家,也是一位机械天才。他的脑袋里充满了创意和惊喜。他总是能为问题找到最出其不意的解决方案,并用永不满足的好奇心探索这个世界。

鹿教授

平时沉浸在科学研究中,一脑袋的知识。孩子们都喜欢问他各式各样的科学问题,他也总是给予热情的回答,并与孩子们讨论科学。

兔小跳

每时每刻都精神十足,爱冒险,爱搞怪。热衷于让每个人都参与到生活中的新鲜趣事上来。他对世界充满了好奇心,同时也非常执着。

猬小弟

兔小跳的好朋友,会冷静和审慎地平衡兔小跳的跳脱性格。虽然害羞,但猬小弟非常热爱学习,喜欢看书,勤于思考,他是一个真正的和平卫士。

朱小美

一个想快点儿长大的美少女,她热爱一切美的东西,对生活充满希望和美好的想象。她有些喜怒无常和任性,但总能给人留下深刻的印象。

羊诗弟

一个敏感的浪漫主义者,喜爱哲学和沉思。他时而多愁善感,时而与兔小跳"狼狈为奸",古灵精怪的躯壳下有着诗人的灵魂。

大嘴叔

一位富有想象力和冒险精神的演员,有着神秘的过去,学识渊博,见识广博。他丰富的经历和故事怎么讲也讲不完。

巧老师

一位爱挑剔而且严格的老太太,但也非常善良,总是乐于助人。她十分热爱体育活动和健康的生活方式。她是平平飞船上的大管家,制作着可口的美食,守护着每个人的健康。

农夫熊

安静而保守,朴实且能干,尤其对植物和动物充满热情与关注。他总能轻松地用他的智慧和爱心解决问题。

目 录

第 1 章　物质的构成和变化

物质的变化和性质　　　　　　　　　　2

什么是分子　　　　　　　　　　　　4

什么是原子　　　　　　　　　　　　8

激光的原理　　　　　　　　　　　　12

核磁共振的原理　　　　　　　　　　18

惰性气体为什么"懒惰"　　　　　　24

相关诺贝尔奖介绍　　　　　　　　　26

第 2 章　神奇的元素

什么是元素	28
元素的共性	30
元素的特性	34
什么是链式反应	38
万能的碳元素	44
放射性碳的妙用	48
相关诺贝尔奖介绍	52

第 1 章
物质的构成和变化

物质的变化和性质

什么是分子

生活中有些东西最好不要拆分。

比如铲子没有了手柄，就不是铲子了。

气球没有了气，也就不是气球了。

不过也有的东西即使被分割成几个部分,它的性质也不会因此改变。

一整块糖

和一粒糖渣的甜度是一样的。

无论是一壶水、一杯水,还是一滴水,组成它们的物质是一样的。

如果我们将一滴水继续拆分,

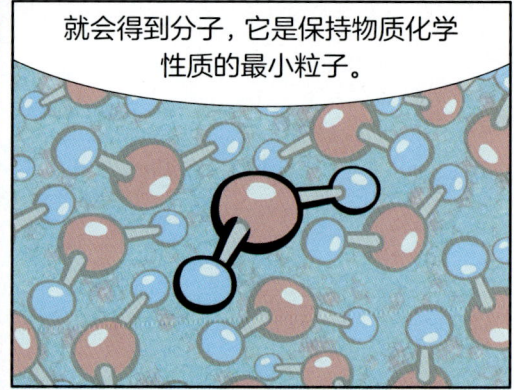

就会得到分子,它是保持物质化学性质的最小粒子。

地球表面上最多的分子就是水分子。

注:字母 H 代表氢元素,O 代表氧元素,H_2O 是水的化学符号。

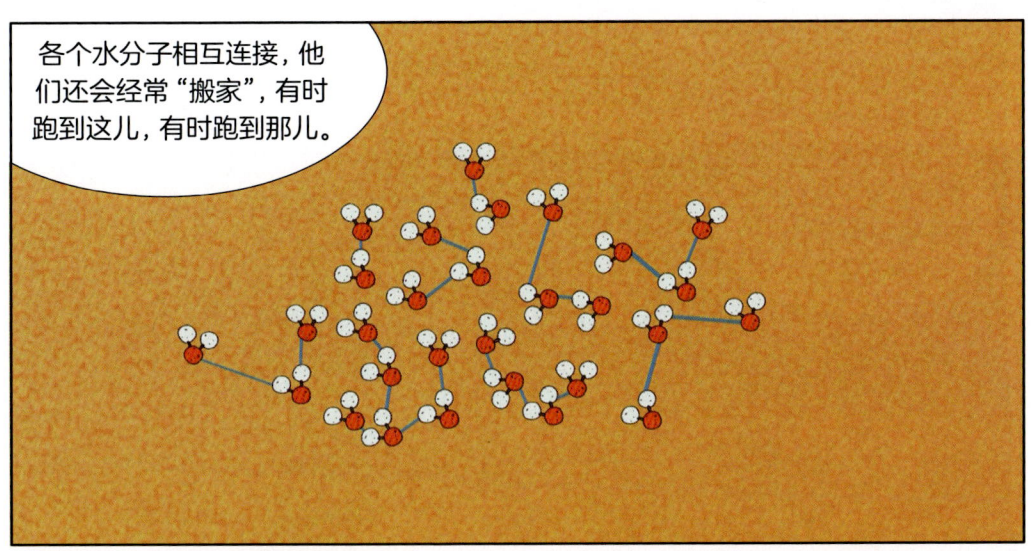

各个水分子相互连接,他们还会经常"搬家",有时跑到这儿,有时跑到那儿。

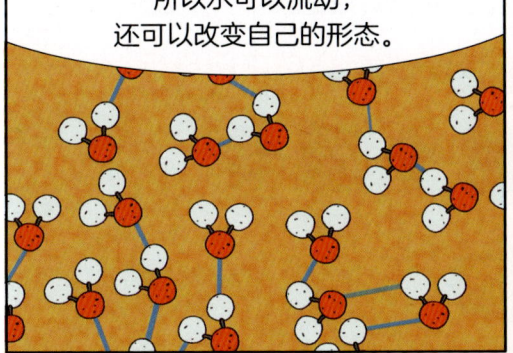

所以水可以流动,还可以改变自己的形态。

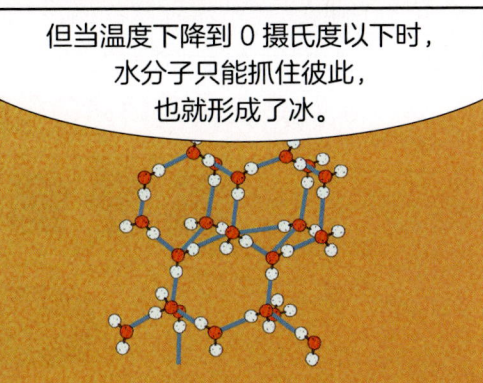

但当温度下降到0摄氏度以下时,水分子只能抓住彼此,也就形成了冰。

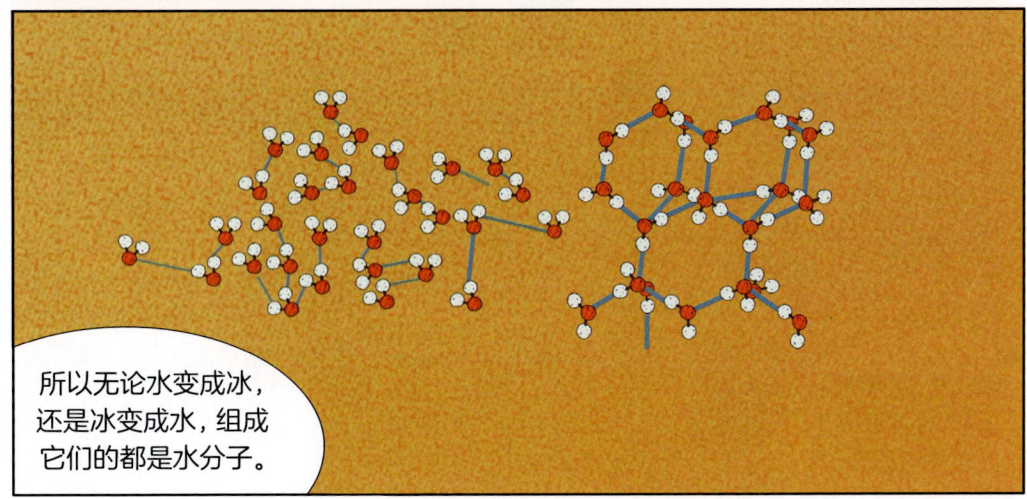

所以无论水变成冰,还是冰变成水,组成它们的都是水分子。

什么是原子

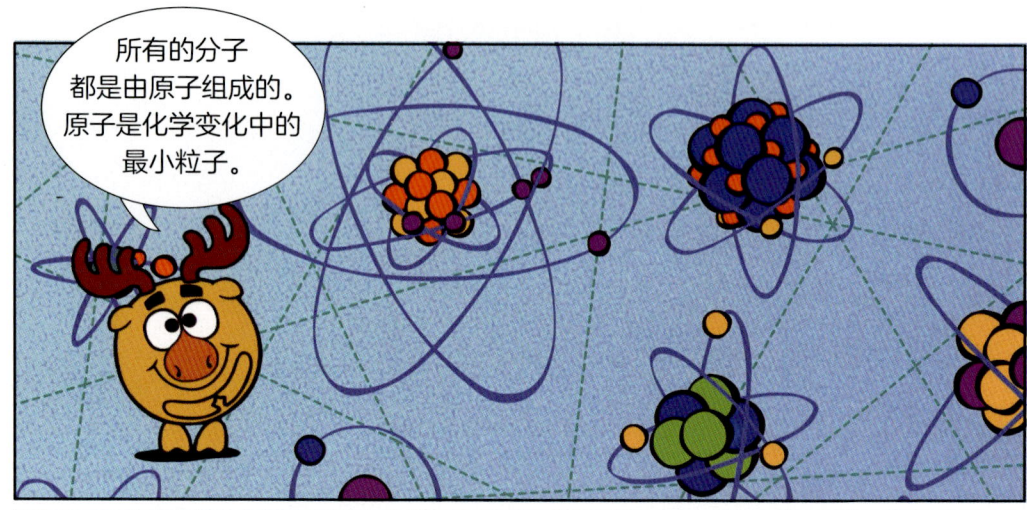

所有的分子都是由原子组成的。原子是化学变化中的最小粒子。

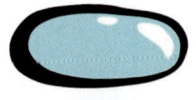

一滴水里约有五千亿亿个原子。

希腊语中"原子"这个词的词义是不可再分。

早在古希腊时期，人们就猜测到了原子的存在。

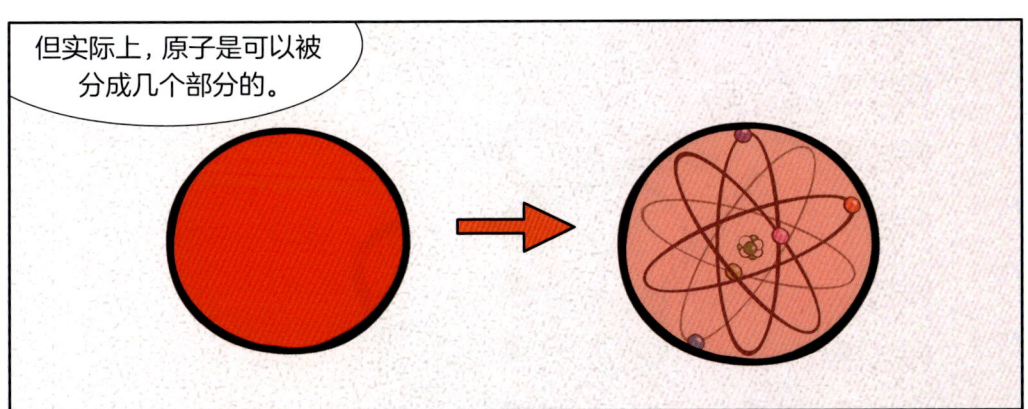

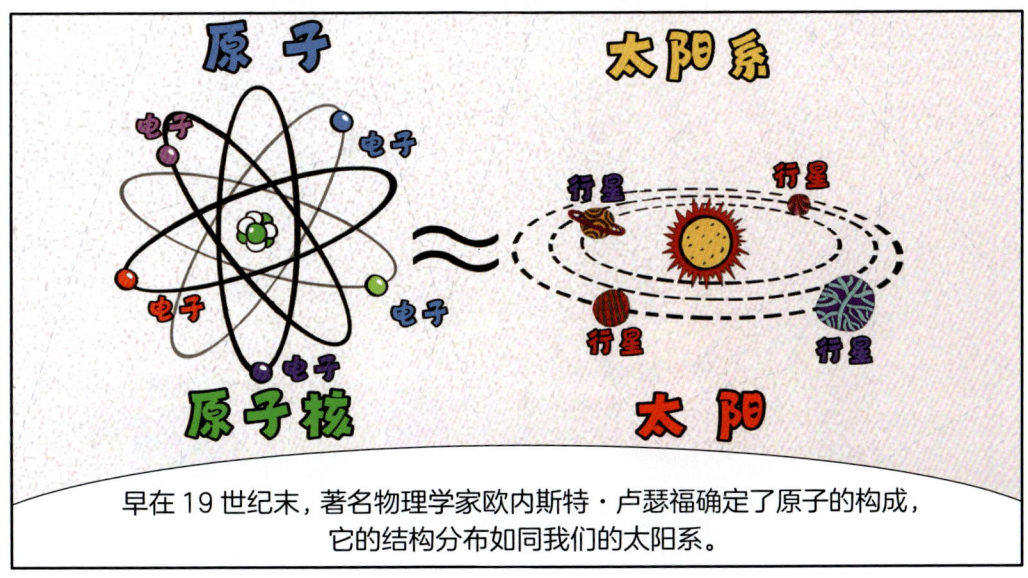

原子核由质子和中子组成。

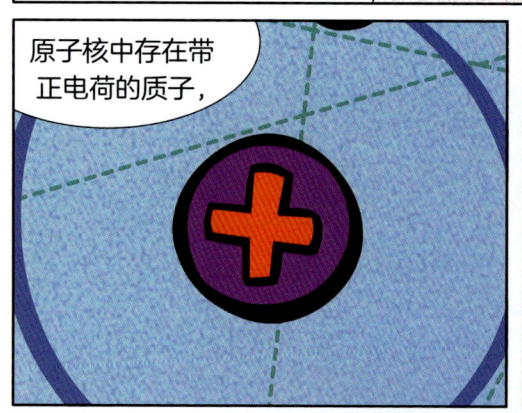
原子核中存在带正电荷的质子，

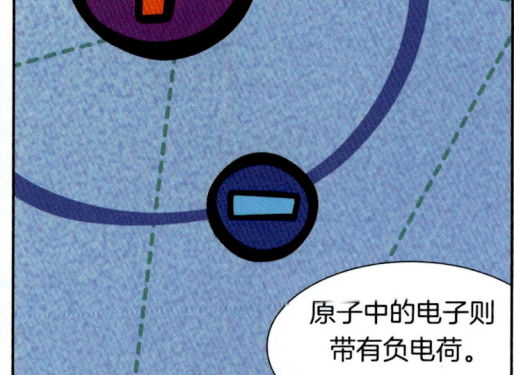
原子中的电子则带有负电荷。

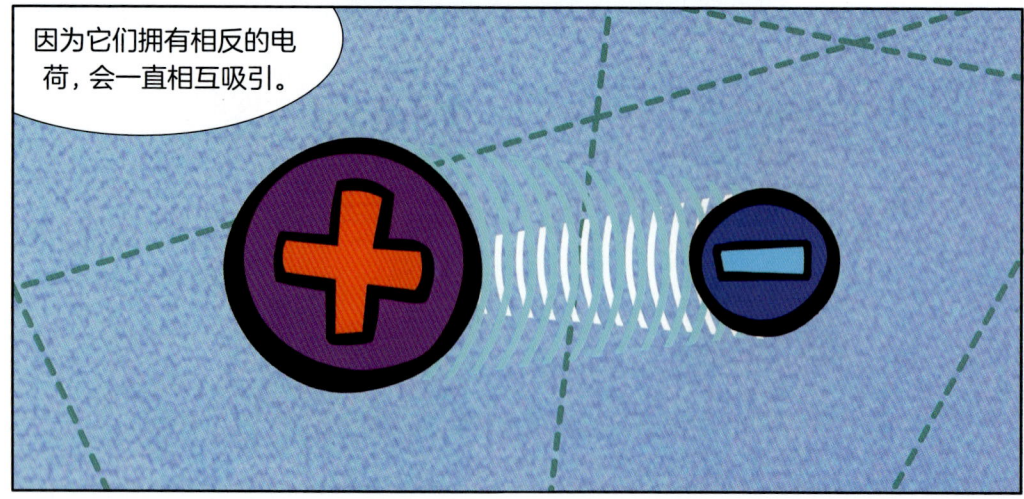
因为它们拥有相反的电荷，会一直相互吸引。

所以电子才会一直围绕原子核旋转。

原子核的半径比原子的半径要小足足十万倍,可它的质量占到了整个原子质量的99.9%。

如果将原子放大到电视塔那么大,那么原子核还不如一只苍蝇大。

激光的原理

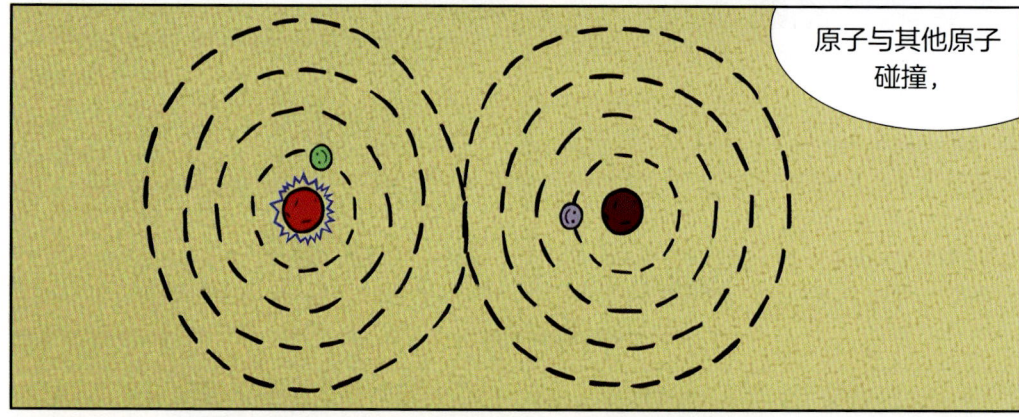

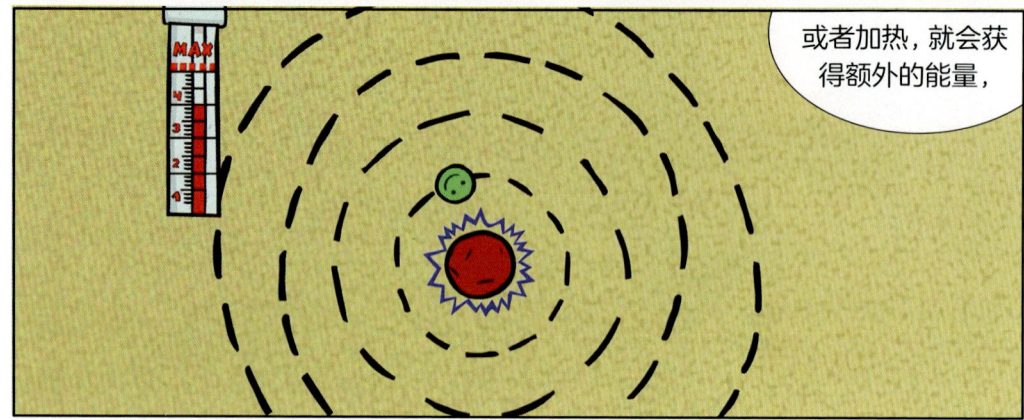

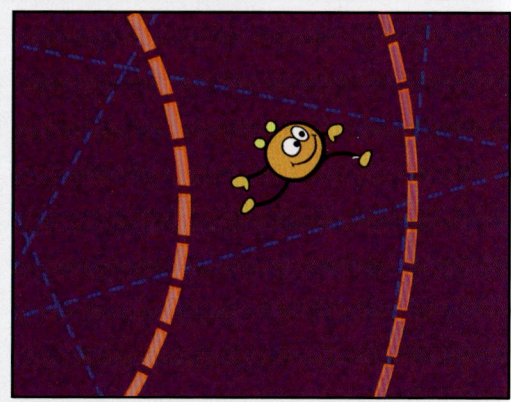

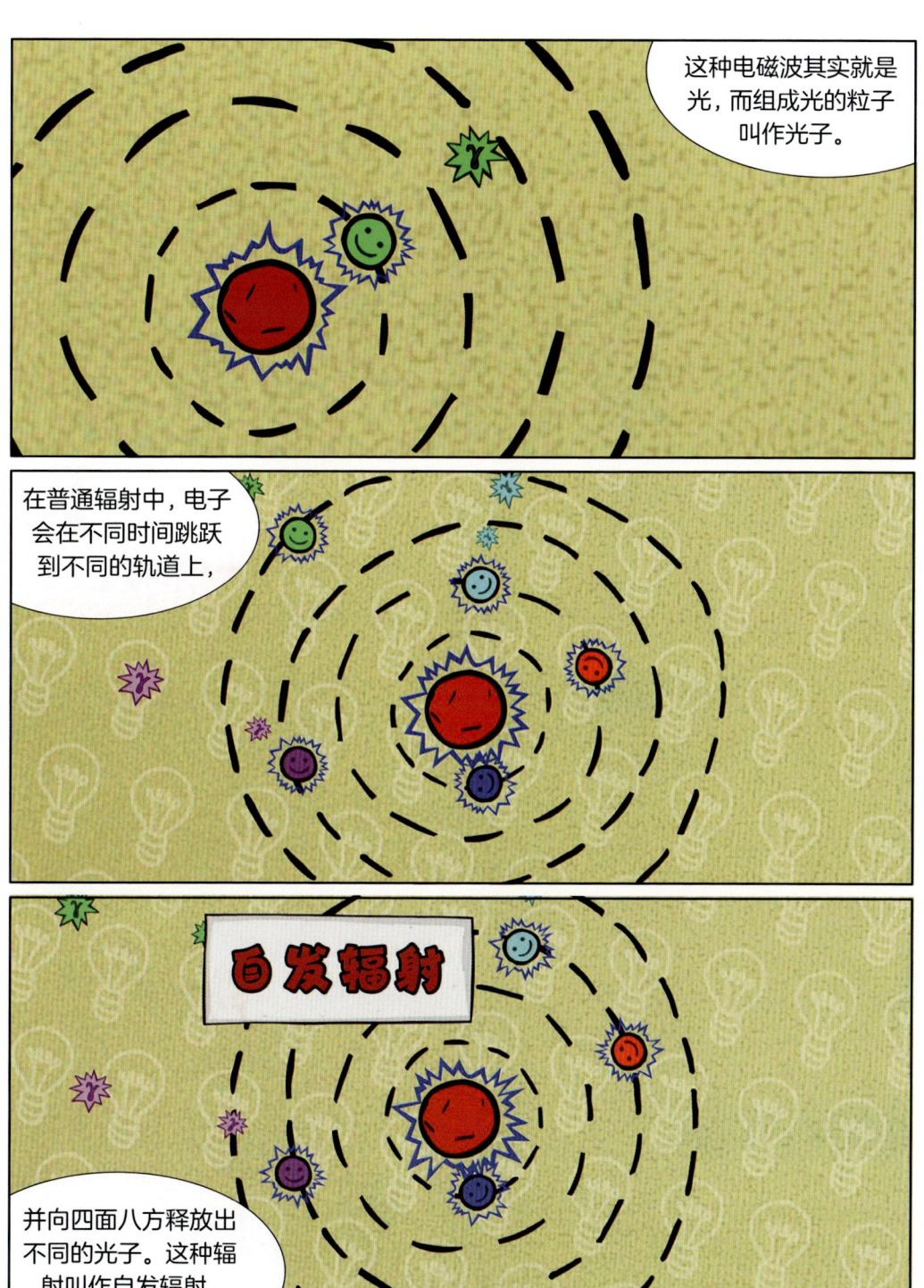

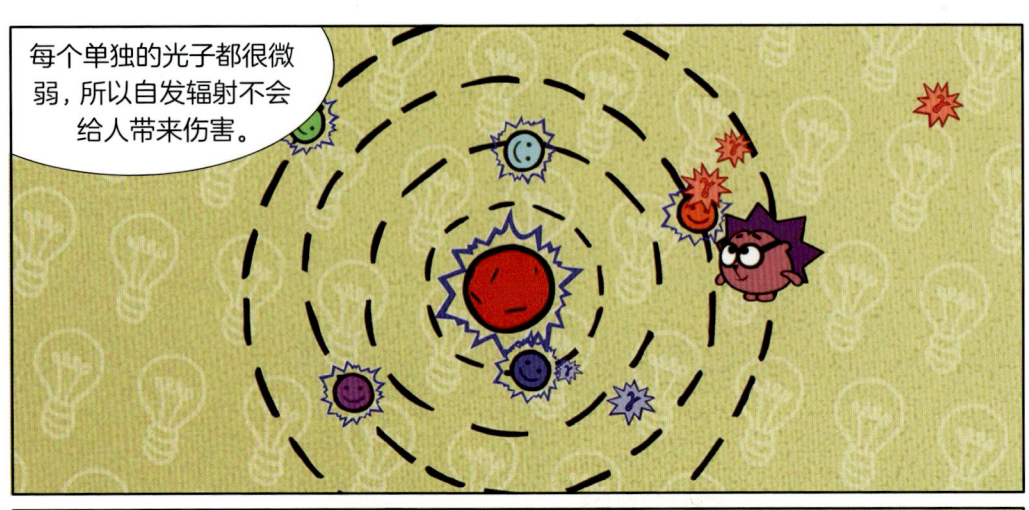

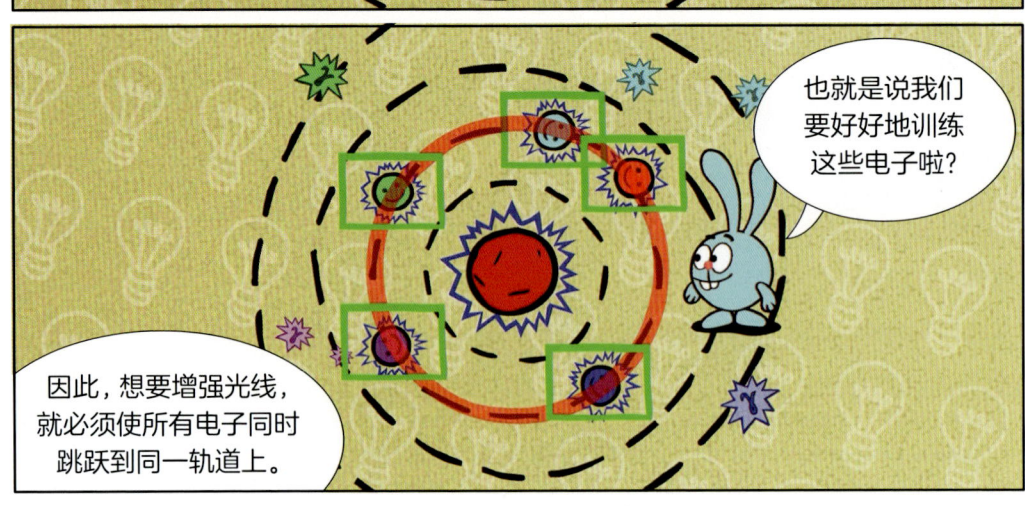

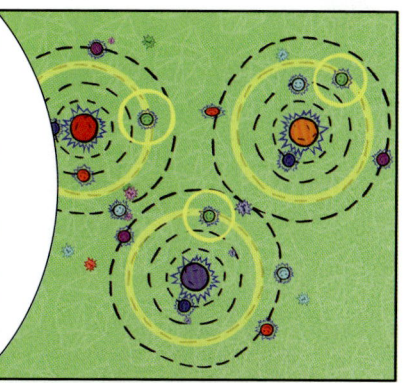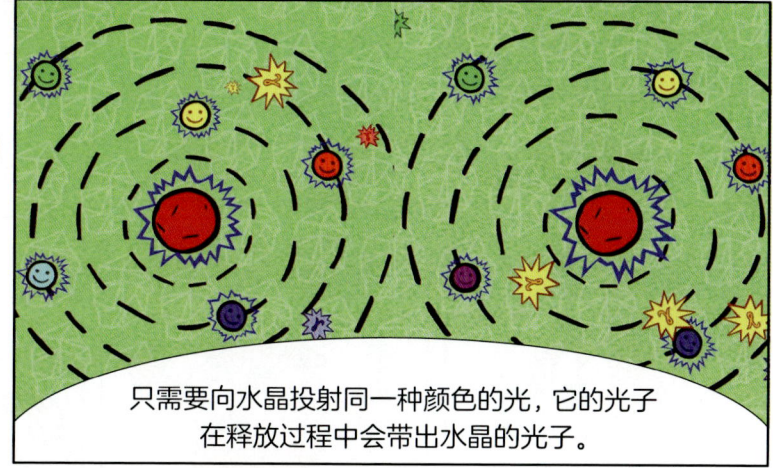

核磁共振的原理

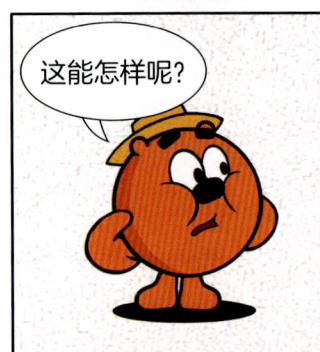

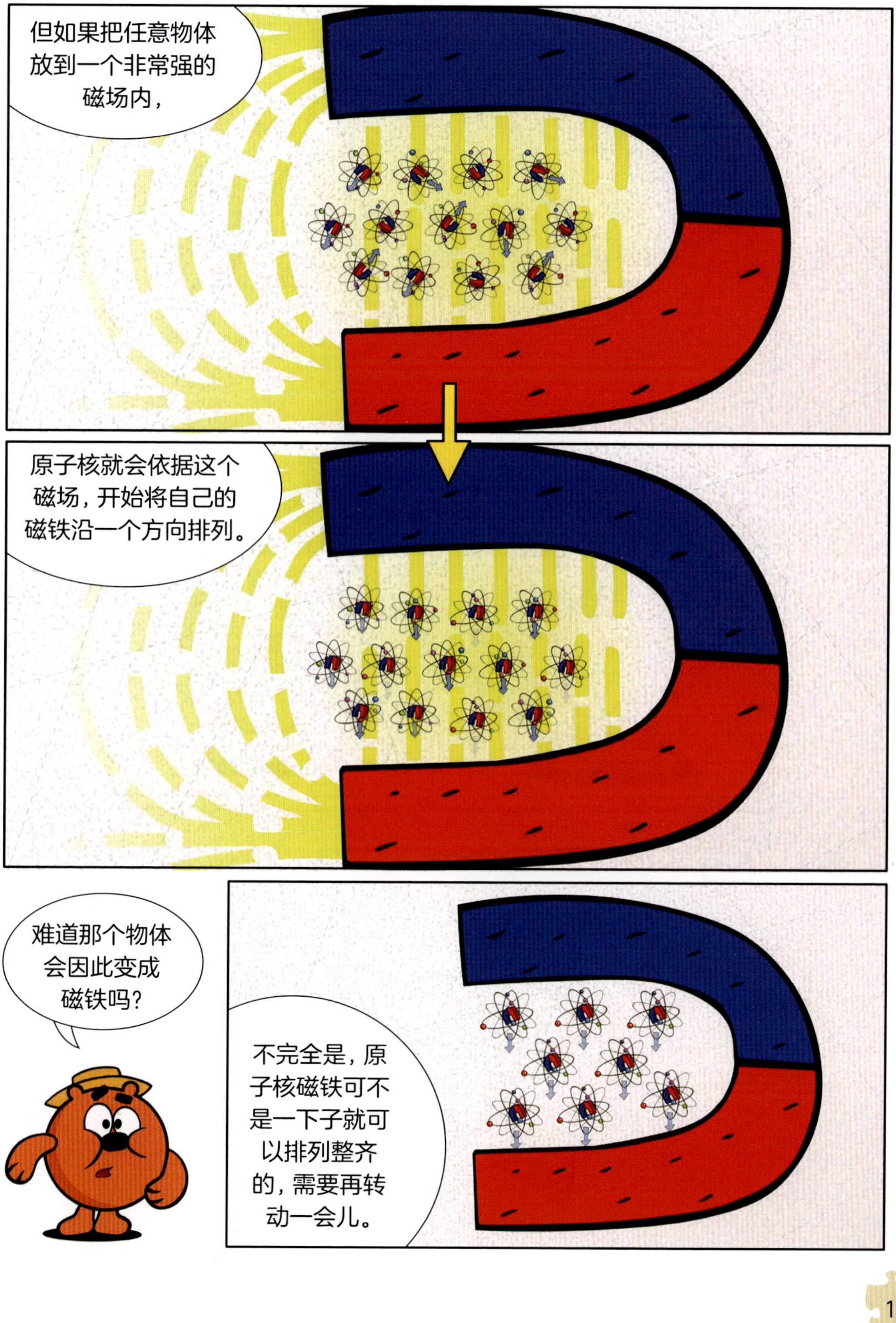

但如果把任意物体放到一个非常强的磁场内,

原子核就会依据这个磁场,开始将自己的磁铁沿一个方向排列。

难道那个物体会因此变成磁铁吗?

不完全是,原子核磁铁可不是一下子就可以排列整齐的,需要再转动一会儿。

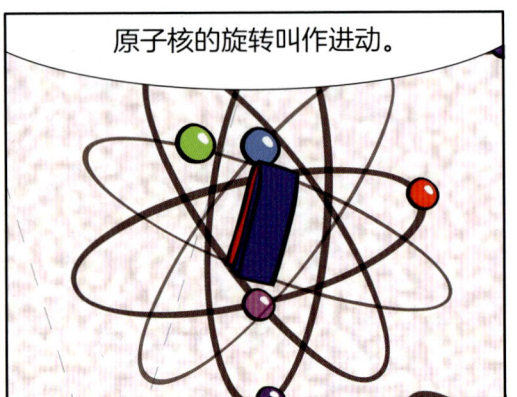

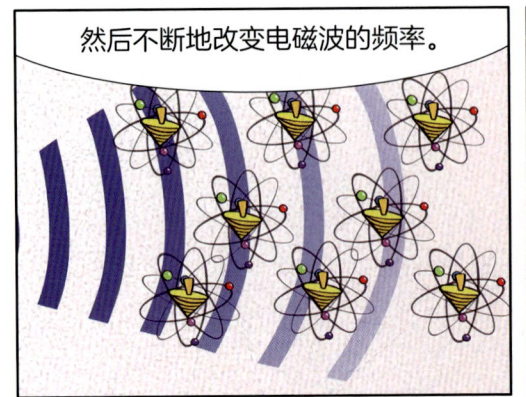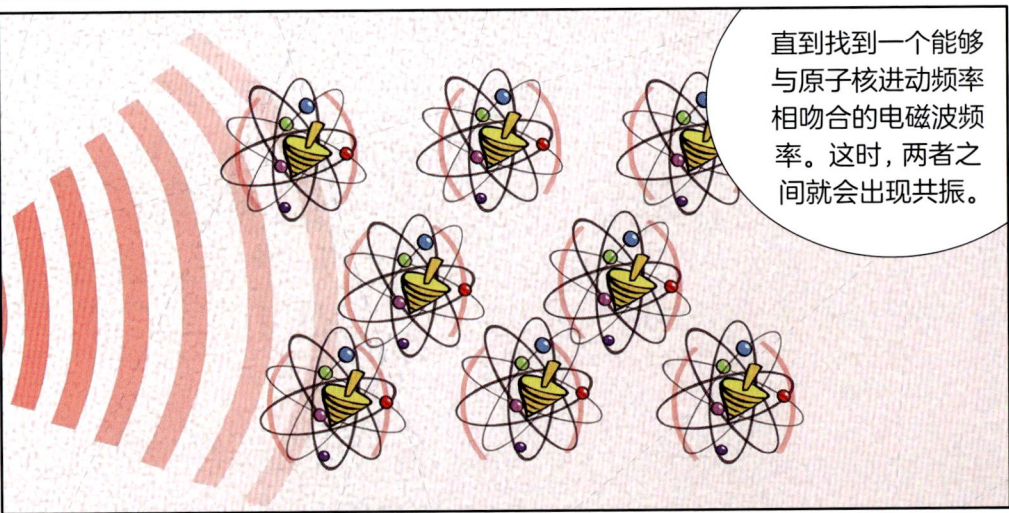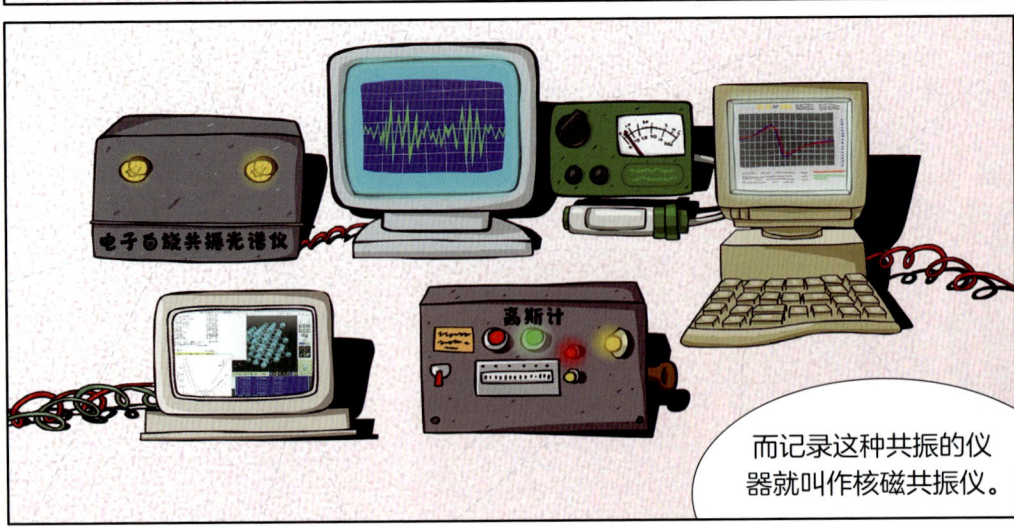

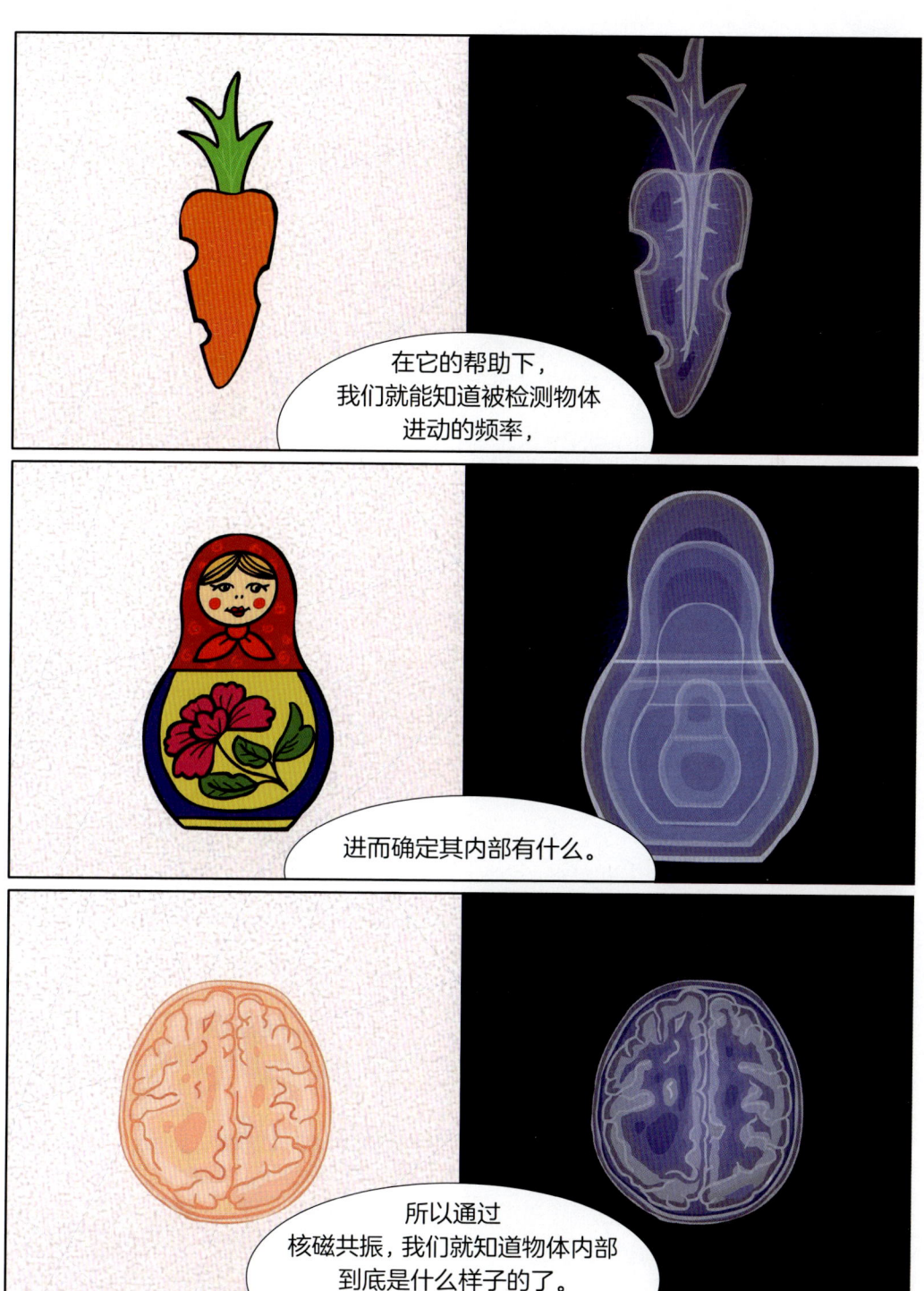

惰性气体为什么"懒惰"

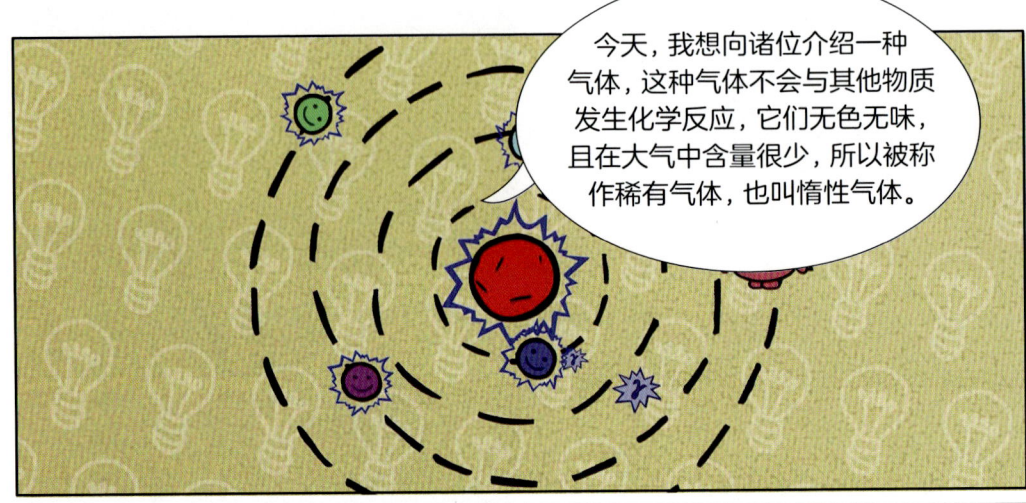

今天,我想向诸位介绍一种气体,这种气体不会与其他物质发生化学反应,它们无色无味,且在大气中含量很少,所以被称作稀有气体,也叫惰性气体。

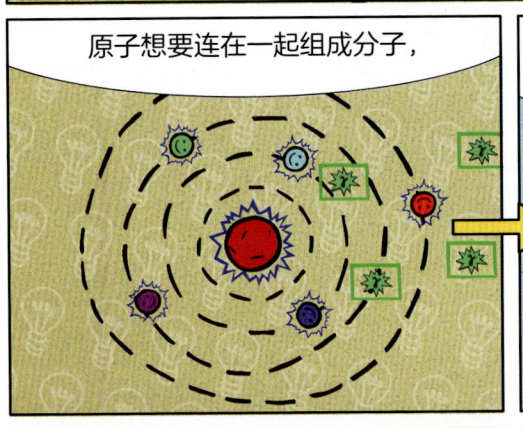

原子想要连在一起组成分子,

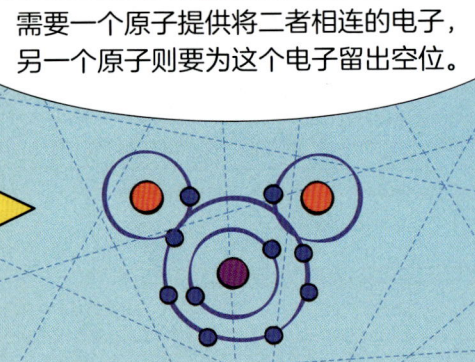

需要一个原子提供将二者相连的电子,另一个原子则要为这个电子留出空位。

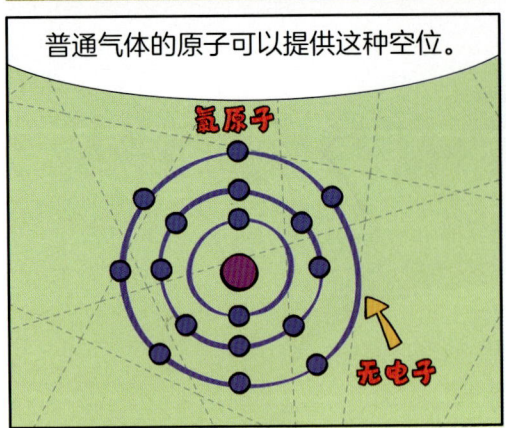

普通气体的原子可以提供这种空位。

氦原子
无电子

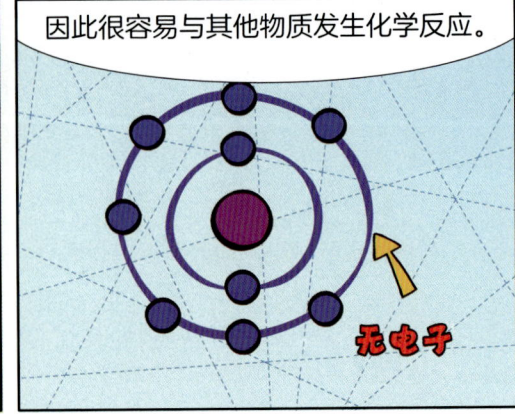

因此很容易与其他物质发生化学反应。

无电子

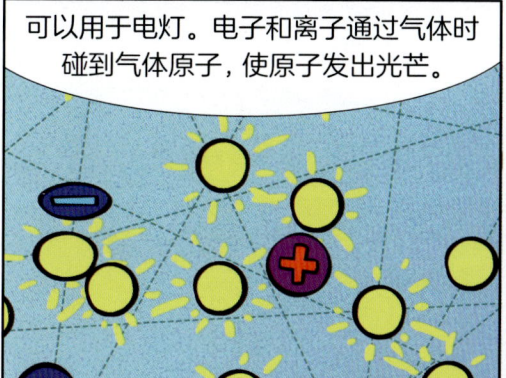
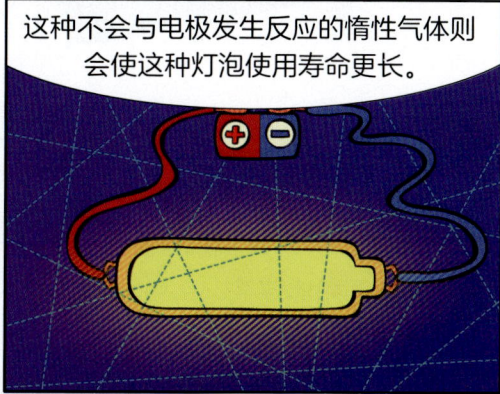

相关诺贝尔奖介绍

与原子相关的研究

1908年，卢瑟福原子模型的制作者英国物理学家欧内斯特·卢瑟福（图左），因对放射过程的研究被授予了诺贝尔化学奖。

美国物理学家默里·盖尔曼（图右）猜测有比质子和中子更小的粒子，夸克的概念就诞生了。1969年，他因此获得了诺贝尔物理学奖。

与核磁共振相关的发明

1952年，美国科学家费利克斯·布洛赫和爱德华·米尔斯·珀塞尔因发明核磁共振获得诺贝尔物理学奖。

2003年，美国人保罗·劳特布尔、英国人彼得·曼斯菲尔德研制出了核磁共振层析透视的方法，获得诺贝尔生理学或医学奖。

与激光相关的发明

1964年，诺贝尔物理学奖颁发给了发明激光的苏联科学家尼古拉·巴索夫和亚历山大·普罗霍罗夫，以及美国物理学家查尔斯·哈德·汤斯。

第 2 章
神奇的元素

什么是元素

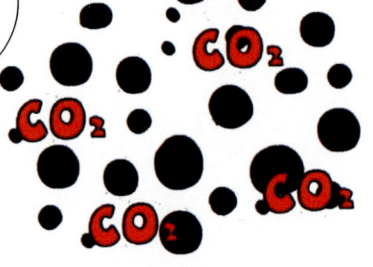

再比如水,就是由氢元素和氧元素构成的。

国际上统一使用元素拉丁文名称的第一个字母来表示元素,而且要大写。所以氢元素是 H,氧元素是 O。

那如果它们的首字母相同怎么办,不就重名了?

那就再加一个小写字母来区分,比如 Cu 表示铜,Ca 表示钙。

元素的共性

我们身边的元素拥有一个共性,那就是它们都有失去自身电子的能力。

当我们把化学元素放入含有大量离子的液体中,

元素的电子就会从元素中脱离而出。

这种特性被称为化学活性。

活性元素会轻松地出现电子分离现象。

元素的特性

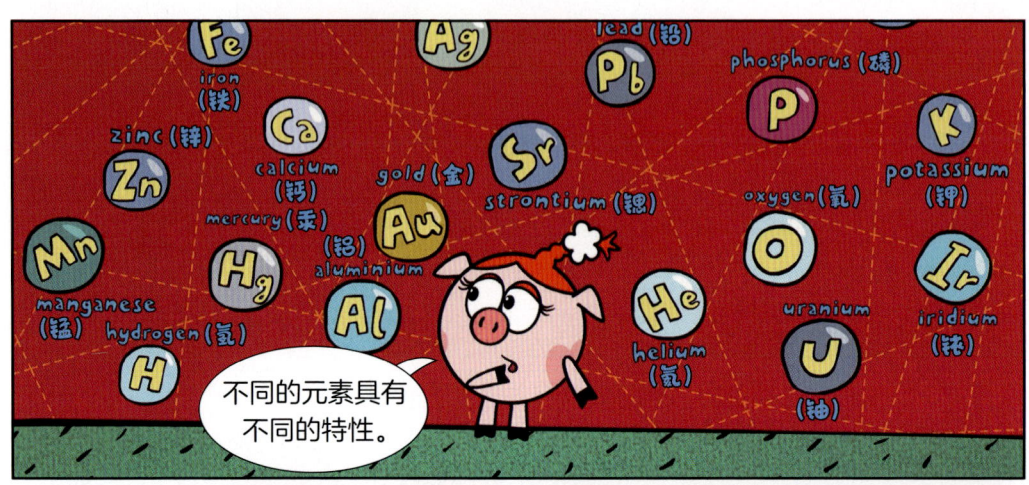

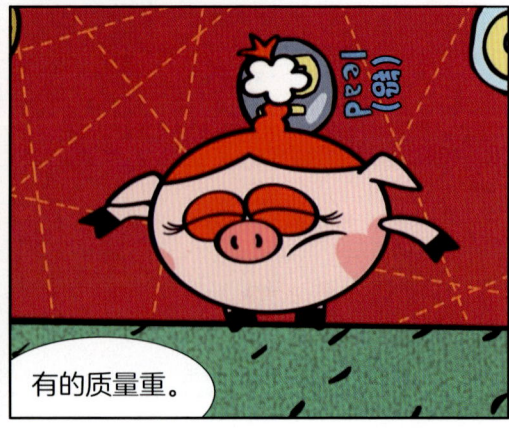

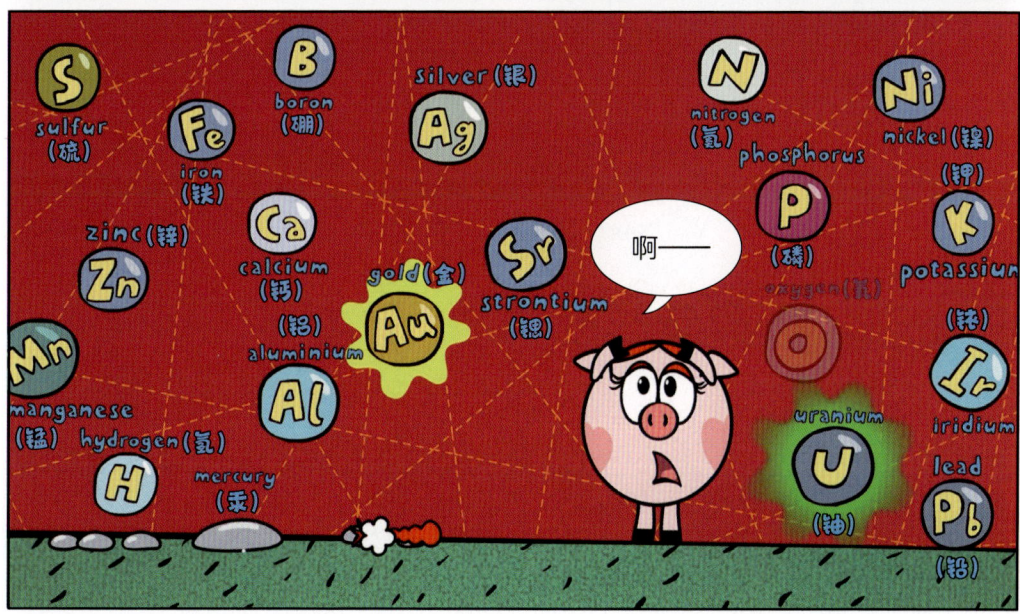

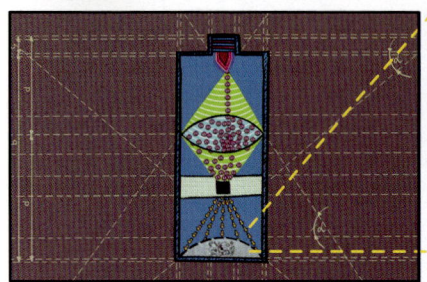
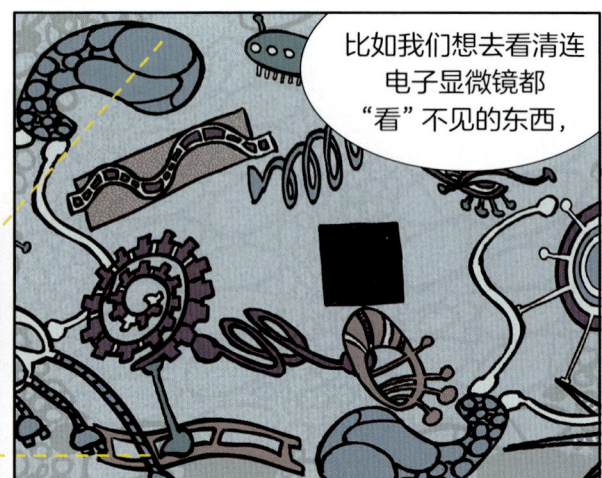
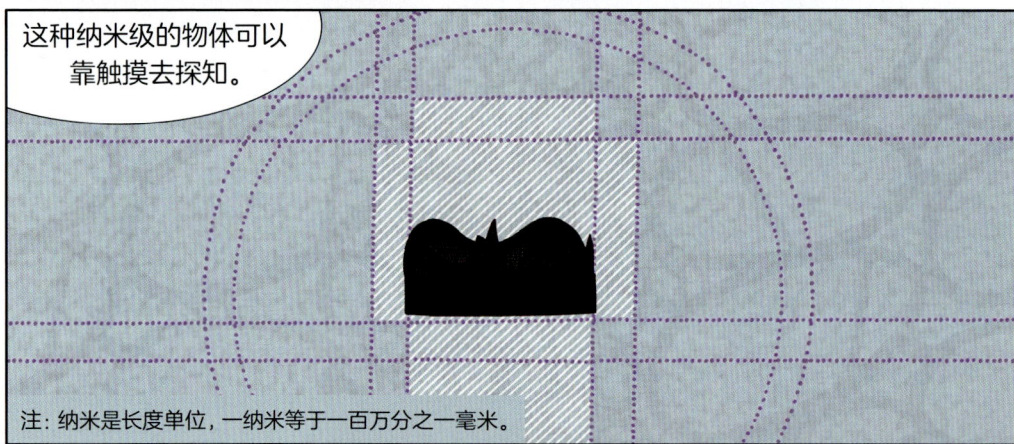

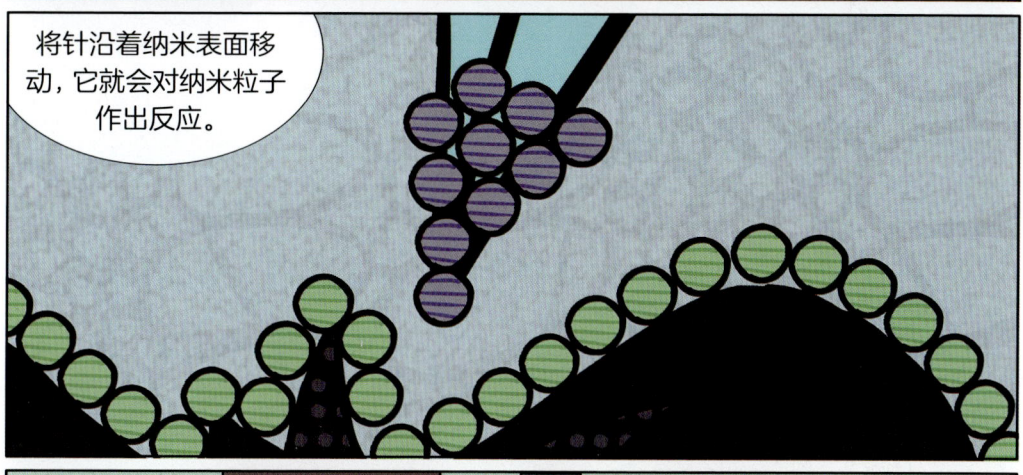

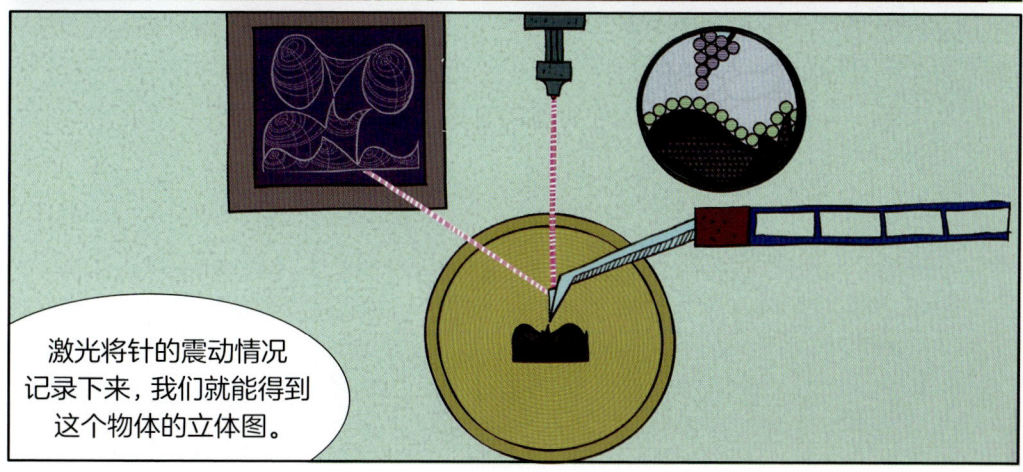

什么是链式反应

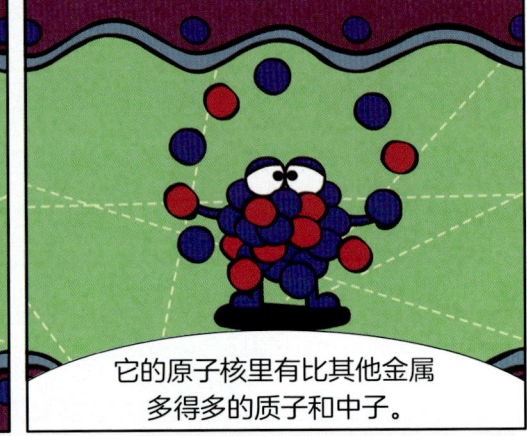
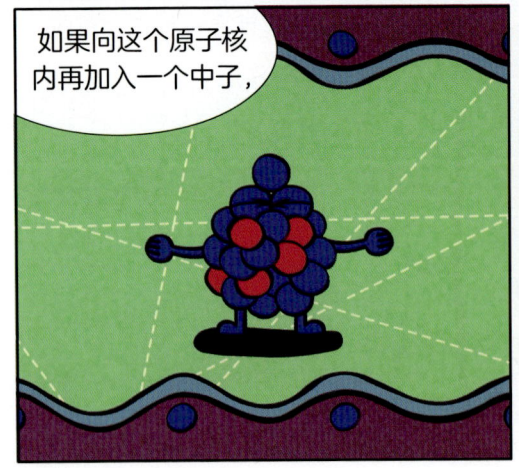

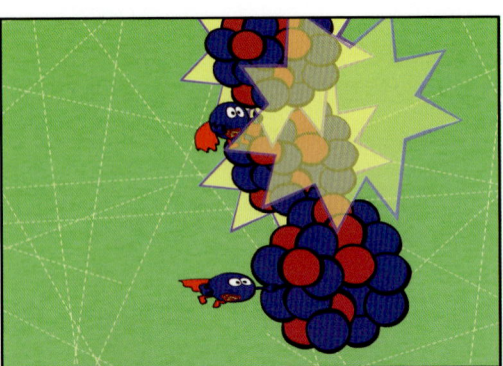
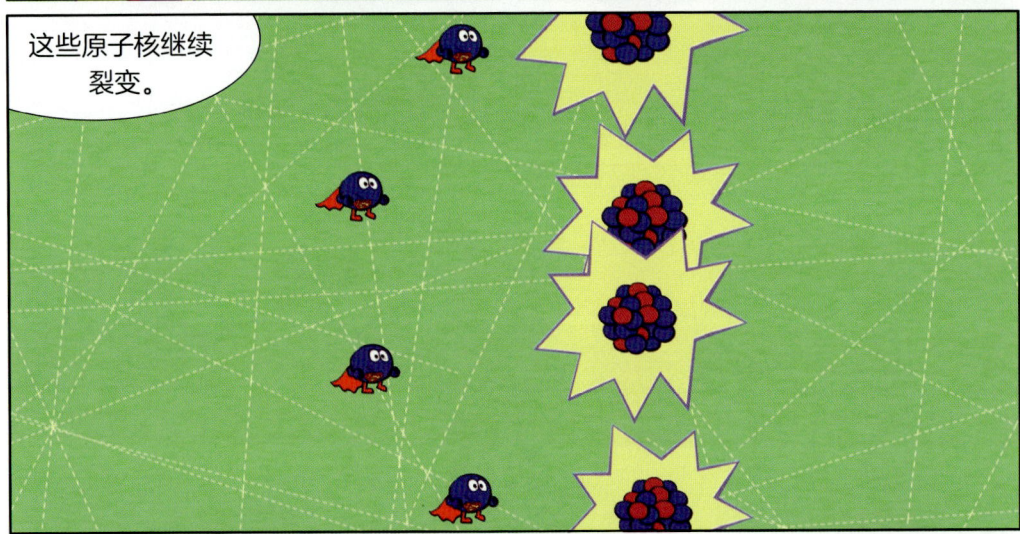
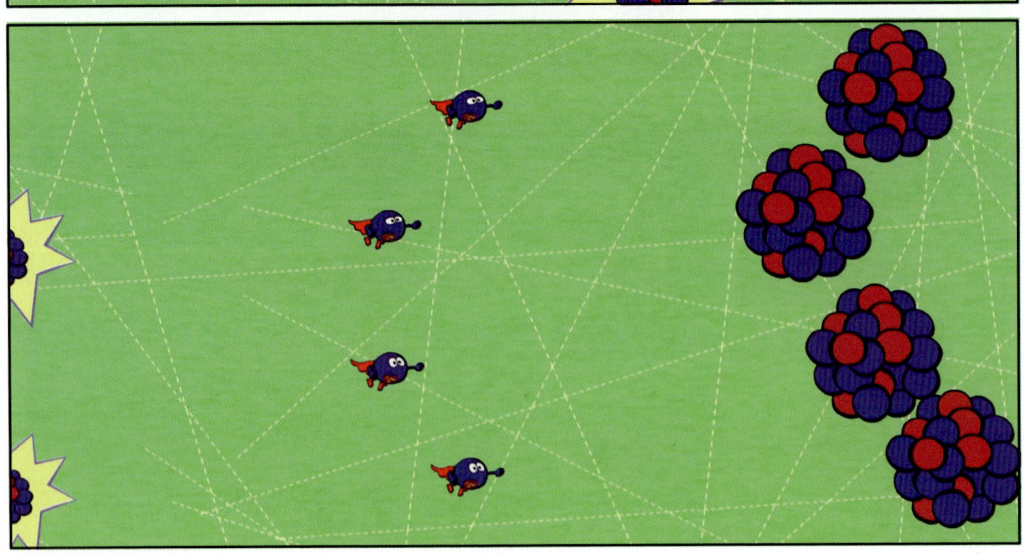

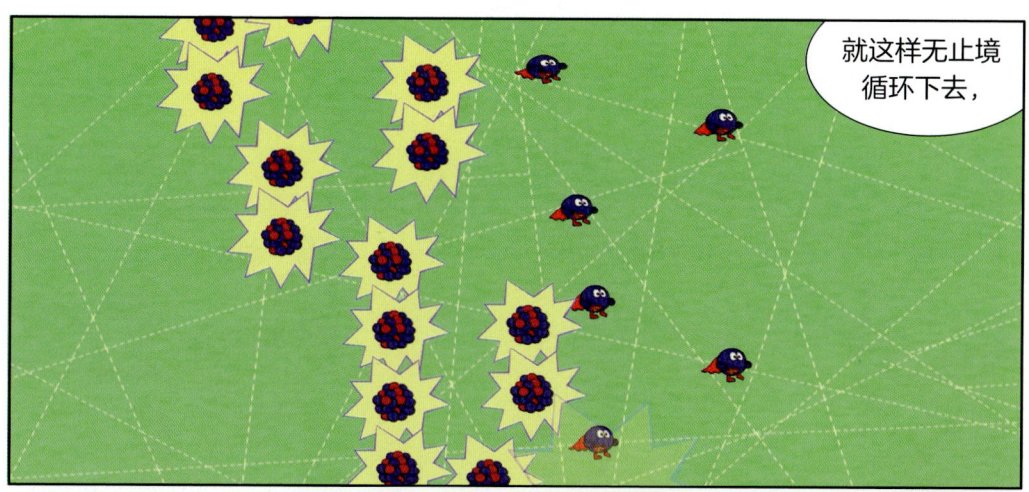

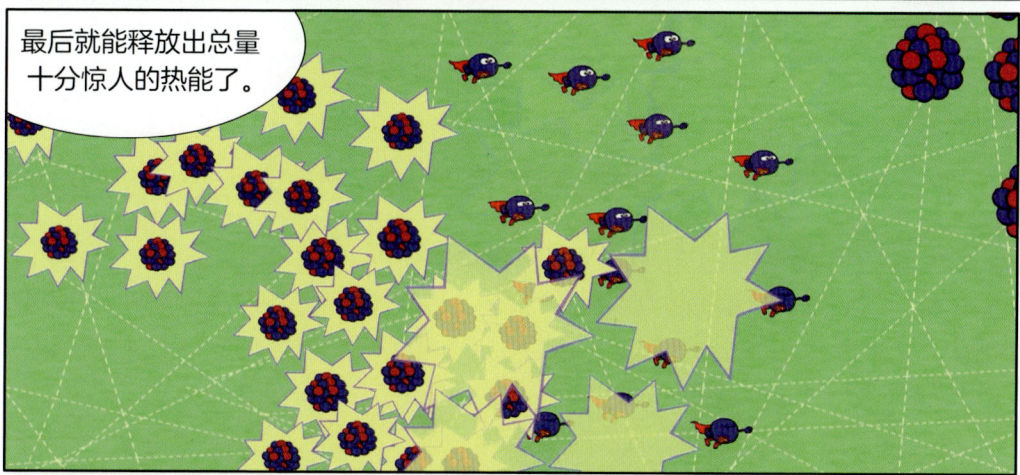

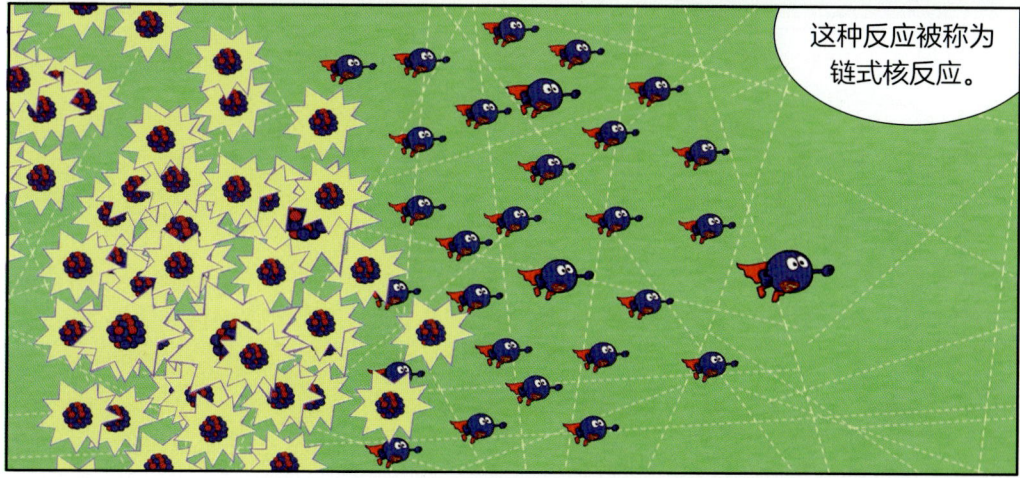

万能的碳元素

在人们刚开始研究化学的时候,

将所有有生命的物体叫作有机物。

但在今天,有机物已经不仅仅指有生命的植物、动物等生命体,

它还包含了塑料、药片、人造皮革等。

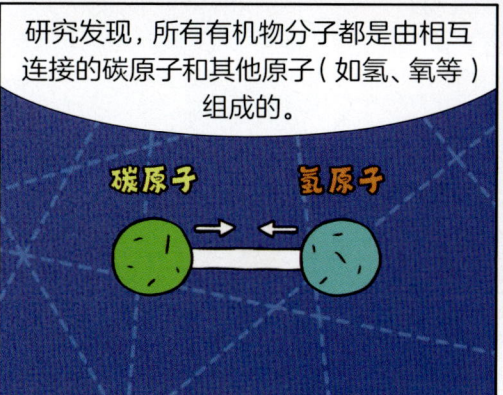

研究发现,所有有机物分子都是由相互连接的碳原子和其他原子(如氢、氧等)组成的。

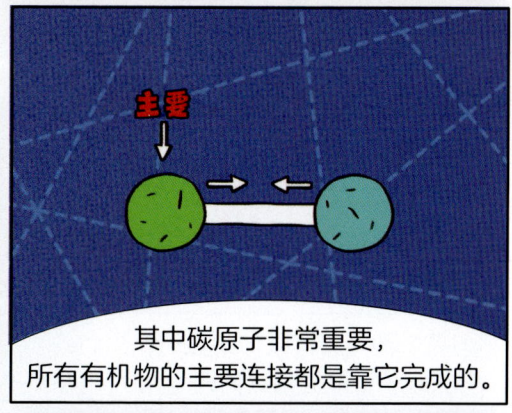

其中碳原子非常重要,所有有机物的主要连接都是靠它完成的。

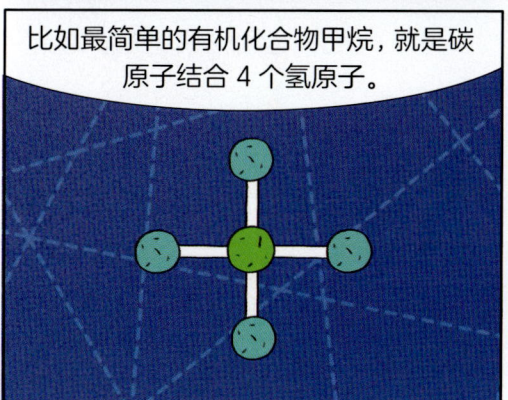

比如最简单的有机化合物甲烷,就是碳原子结合4个氢原子。

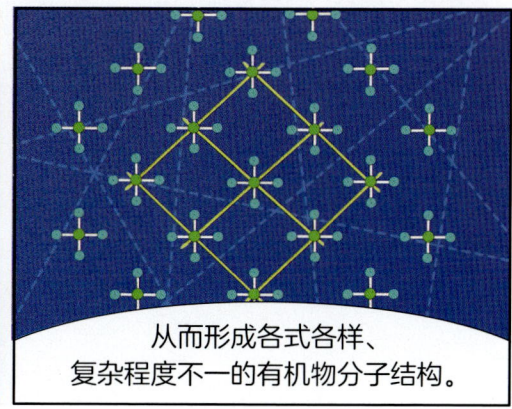

从而形成各式各样、复杂程度不一的有机物分子结构。

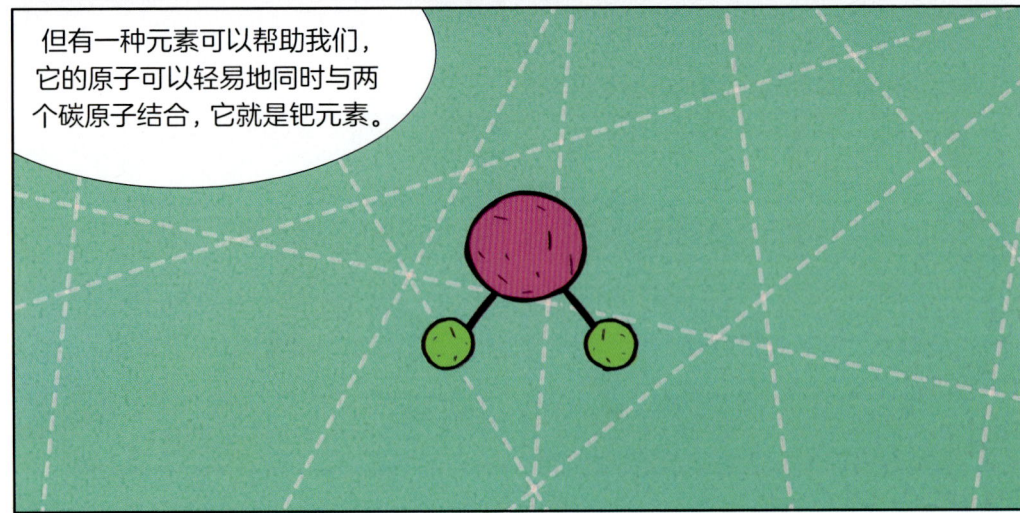

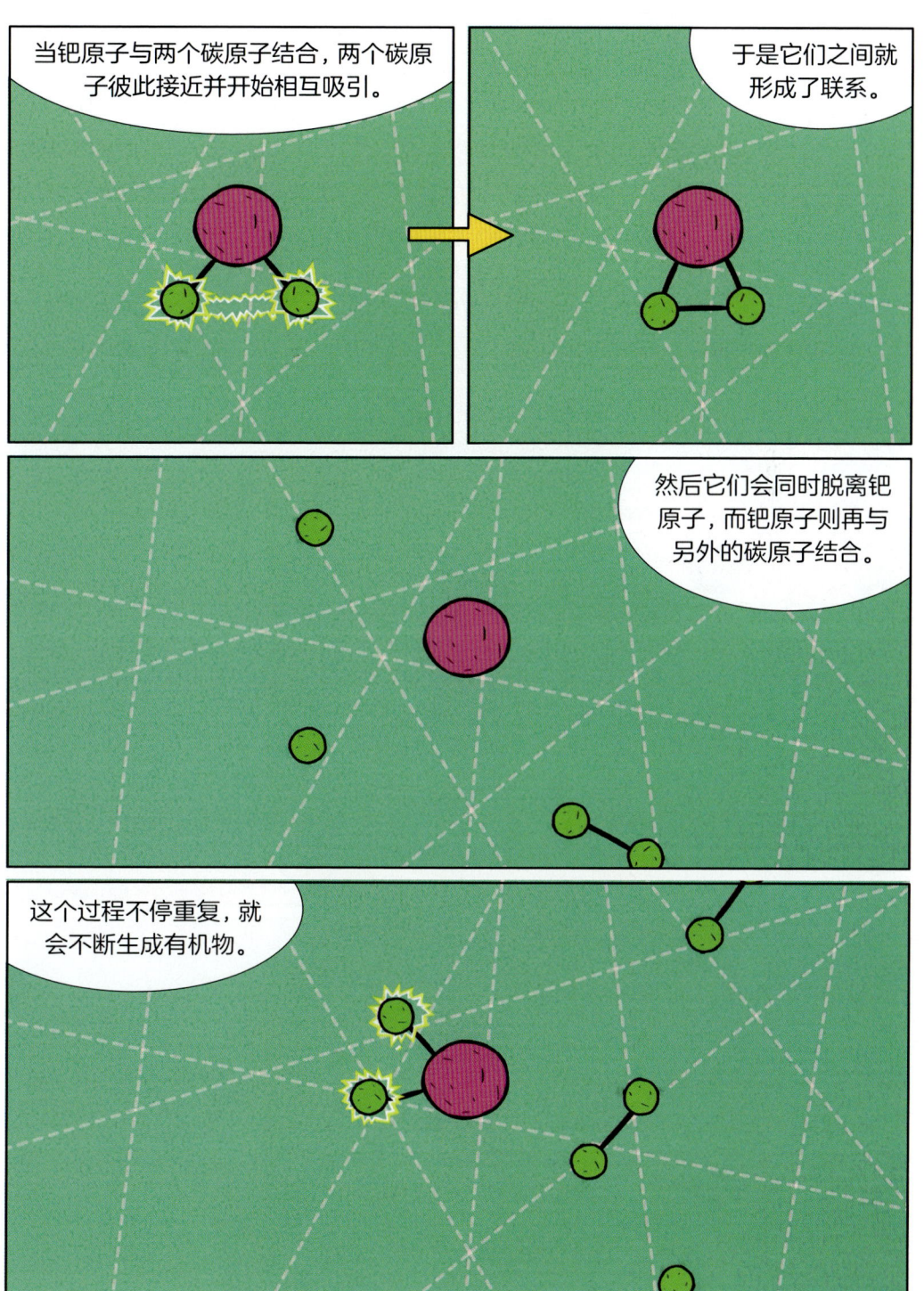

# 放射性碳的妙用

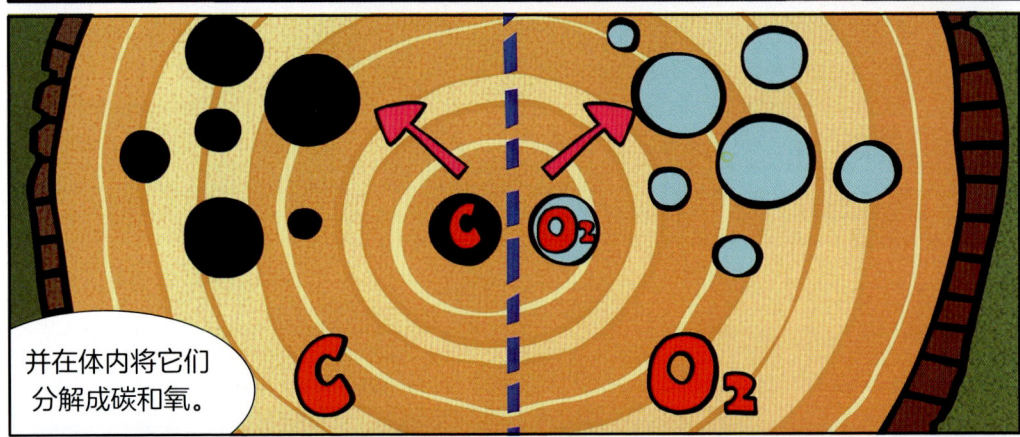

当植物死亡，就不再积累碳。

随着时间推移，放射性碳原子就会变成普通碳原子。

每过 5500 年，放射性碳原子的数量就会减少一半。

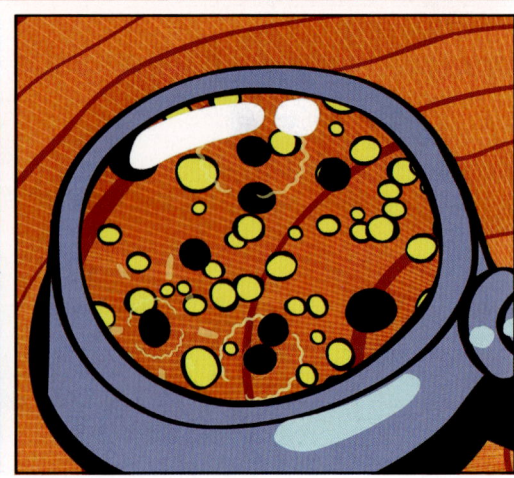

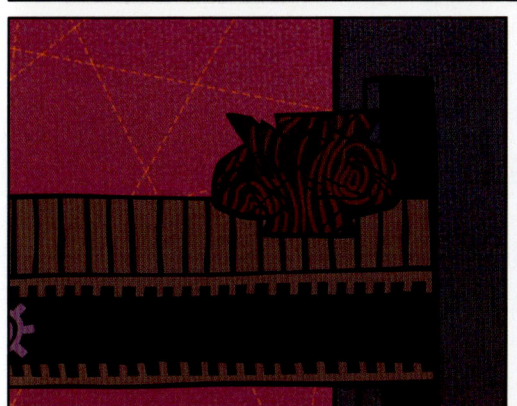
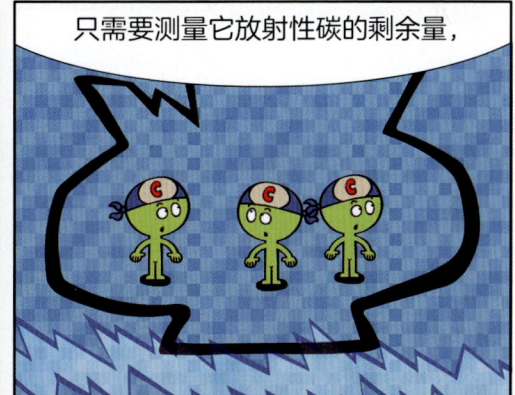

相关诺贝尔奖介绍

惰性气体的相关发现和研究

1904年，英国科学家瑞利男爵（图左）和威廉·拉姆塞先生（图右）因发现惰性气体分别获得诺贝尔物理学奖和化学奖。

元素的相关发现和研究

2010年，美国学者理查德·赫克（图左一）和日本学者根岸英一（图左二）、铃木章（图右）因为利用钯催化有机物合成的方法，共同获得了诺贝尔化学奖。

放射性碳的相关研究

1960年，美国学者威拉德·弗兰克·利比因创造放射性碳法，获得了诺贝尔化学奖。利用这种方法，许多历史遗存的年代得以确定。